Ministère
de l'Intérieur.

Paris, le 8bre 187

Bureau
de l'Imprimerie
et
de la Librairie.

Oiseaux de la Chine

par Oustalet,

Prof. au Muséum

(Masson, Éditeur)

T. 1 à 124

Pl. 3 à 9/16

©

LES

OISEAUX DE LA CHINE

SCEAUX. — IMP. M. ET D.-E. CHARAIRE.

LES
OISEAUX DE LA CHINE

PAR

M. L'ABBÉ ARMAND DAVID, M. C.

ANCIEN MISSIONNAIRE EN CHINE,

CORRESPONDANT DE L'INSTITUT, DU MUSÉUM D'HISTOIRE NATURELLE, ETC.

ET

M. E. OUSTALET

DOCTEUR ÈS SCIENCES, AIDE-NATURALISTE AU MUSÉUM,

MEMBRE CORRESPONDANT DE LA SOCIÉTÉ ZOOLOGIQUE DE LONDRES

ATLAS

PARIS

G. MASSON, ÉDITEUR

LIBRAIRE DE L'ACADÉMIE DE MÉDECINE

BOULEVARD SAINT-GERMAIN, EN FACE DE L'ÉCOLE DE MÉDECINE

M DCCC LXXVII

TABLE DES PLANCHES

½

PALÆORNIS DERBYANUS .

ARNOUL DEL.ET LITH.

$3/11$

IMP. BECQUET, PARIS.

PTYNX FUSCESCENS.

AHIIOUL DEL, ET LITH.   ¼   INP. BECQUET, PARIS.

SYRNIUM DAVIDI.

ARNOUL DEL.ET LITH.   ½   IMP. BECQUET, PARIS.

ATHENE WHITELEYI.

$3/5$

ATHENE BRODIEI.

ARNOUL DEL. ET LITH.

½

IMP. BECQUET, PARIS.

LEMPIJUS GLABRIPES.

1/4

ARCHIBUTEO STROPHIATUS.

IMP. BECQUET, PARIS

7/9

MICROHIERAX CHINENSIS.

ARNOUL DEL. ET LITH.

$^4/_{15}$

IMP. BECQUET, PA

PUTEO HEMILASIUS

ARNOUL DEL. ET LITH . $\frac{5}{12}$ IMP. BECQUET, PARIS .

CERYLE LUGUBRIS .

ÆTHOPYGA DABRYI.

ARNOUL DEL. ET LITH.

IMP. BECQUET, PARIS.

ZOSTEROPS ERYTHROPLEURUS.

IMP. BECQUET, PARIS.

SITTA VILLOSA.

ARNOUL DEL.ET LITH.   IMP.BECQUET,PARIS.

CERTHIA HIMALAYANA.

IMP. BECQUET, PARIS

SPELÆORNIS HALSUETI.

IMP. BECQUET, PARIS.

SPELÆORNIS TROGLODYTOÏDES.

HOREITES BRUNNEIFRONS.

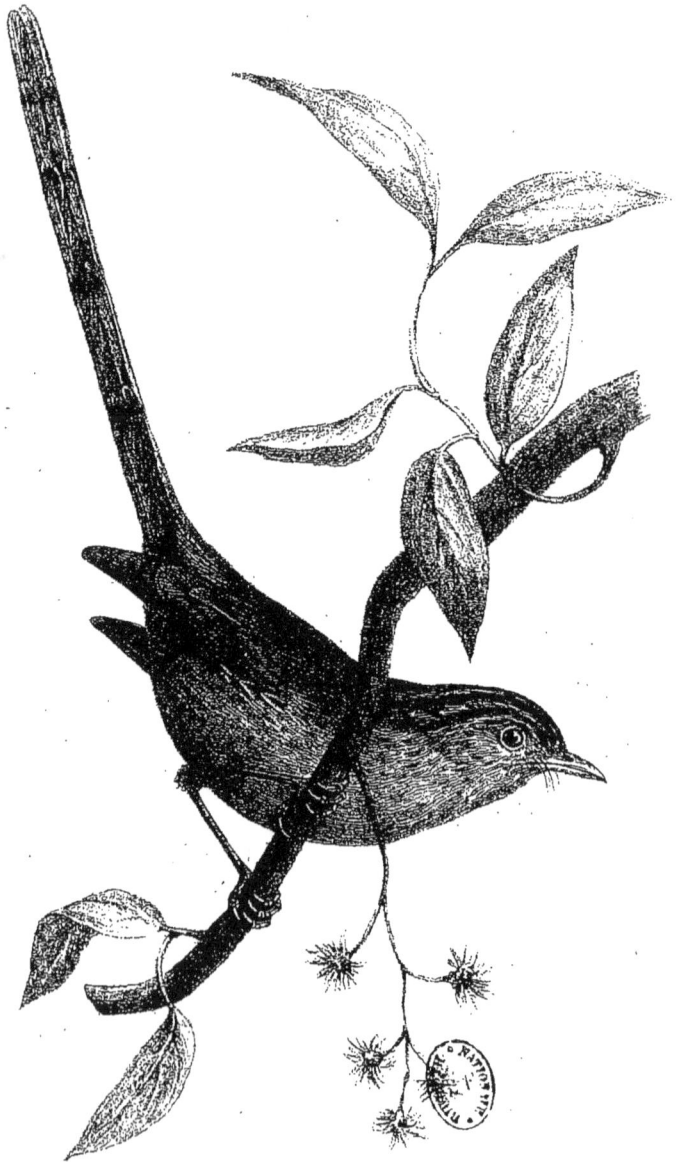

SUYA STRIATA.

RHOPOPHILUS PEKINENSIS.

ARNOUL DEL. ET LITH.   IMP. BECQUET, PARIS.

ARUNDINAX DAVIDIANUS.

ARNOUL DEL.ET LITH.

IMP. BECQUET, PARIS.

TRIBURA LUTEIVENTRIS.

IMP. BECQUET, PARIS.

OREOPNEUSTE ARMANDI.

ARNOUL DEL.ET LITH.

IMP.BECQUET,PARIS.

ABRORNIS FULVIFACIES.

ARNOUL DEL ET LITH.
IMP.BECQUET, PARIS.

7/9

CHÆMARRORNIS LEUCOCEPHALA.

$^{10}/_{13}$

ARNOUL DEL. ET LITH. IMP. BECQUET, PARIS.

RUTICILLA FULIGINOSA.

ARNOUL DEL. ET LITH.

3/4

IMP. BECQUET, PARIS.

RUTICILLA AURAREA.

¾

LARVIVORA CYANE .

IANTHIA CYANURA.

ARNOUL DEL. ET LITH.

IMP. BECQUET, PARIS.

TARSIGER CHRYSÆUS.

6/7

HODGSONIUS PHŒNICUROÏDES.

7/10

GRANDALA CŒLICOLOR.

ARNOUL DEL. ET LITH.

IMP. BECQUET, PARIS.

ACCENTOR IMMACULATUS .

2/3

ARNOUL DEL. ET LITH.

IMP. BECQUET, PARIS.

ACCENTOR MONTANELLUS.

ARNOUL DEL.ET LITH.   IMP.BECQUET, PARIS.

PARUS PEKINENSIS .

IMP. BECQUET, PARIS.

PROPARUS SWINHOEI.

IMP. BECQUET, PARIS.

MACHLOLOPHUS REX .

CORYDALLA KIANGSINENSIS.

3/5

HENICURUS SINENSIS.

$^6/_{10}$

ARNOUL DEL. ET LITH. IMP. BECQUET, PARIS.

MERULA GOULDI.

ARNOUL DEL.ET LITH.   4/7   IMP. BECQUET, PARIS.

OREOCINCLA MOLLISSIMA.

ARNOUL DEL. ET LITH.

8/13

IMP. BECQUET, PARIS.

MONTICOLA SOLITARIUS.

7/9

ARNOUL DEL. ET LITH. IMP. BECQUET, PARIS.

MONTICOLA GULARIS.

ARNOUL DEL.ET LITH. $\frac{4}{7}$ IMP.BECQUET, PARIS.

MYIOPHONEUS CÆRULEUS.

ARNOUL DEL. ET LITH.

IMP. BECQUET, PARIS.

6/7

HYPSIPETES LEUCOCEPHALUS .

ARNOUL DEL. ET LITH.

$3/4$

IMP. BECQUET, PARIS.

IXUS XANTHORRHOUS.

6/7

ARNOUL DEL.ET LITH.

IMP.BECQUET, PARIS.

IXUS CHRYSORRHOÏDES.

ARNOUL DEL. ET LITH.   ³/₄   IMP. BECQUET, PARIS.

SPIZIXUS SEMITORQUES.

6/7

ARNOUL DEL. ET LITH.

IMP. BECQUET, PARIS.

ARNOUL DEL. ET LITH.

IMP. BECQUET, PARIS.

POMATORHINUS GRAVIVOX.

ARNOUL DEL. ET LITH.

IMP. BECQUET, PARIS

PTERORHINUS DAVIDI.

IMP. BECQUET, PARIS.

BABAX LANCEOLATUS.

ARNOUL DEL. ET LITH.

IMP. BECQUET, PARIS.

ARNOUL DEL.ET LITH.

IMP.BECQUET, PARIS

CINCLOSOMA LUNULATUM.

CINCLOSOMA ARTHEMISIÆ.

ARNOUL DEL. ET LITH.

IMP. BECQUET,

CINCLOSOMA MAXIMUM.

$^3/_4$

ARNOUL DEL. ET LITH.   IMP. BECQUET, PARIS.

LEUCODIOPTRON CHINENSE.

2/3

ARNOUL DEL .ET LITH. IMP.BECQUET, PARIS.

TROCHALOPTERON ELLIOTI.

ARNOUL DEL. ET LITH.

2/3

IMP. BECQUET, PARIS.

TROCHALOPTERON. MILNI.

2/3

TROCHALOPTERON FORMOSUM.

3/4

IANTHOCINCLA BERTHEMYI.

ARNOUL DEL. ET LITH.

IMP. BECQUET, PARIS.

HETEROMORPHA GULARIS.

ARNOUL DEL. ET LITH.

IMP. BECQUET, PARIS.

²/₁₀

CHOLORNIS PARADOXA.

5/4

PARADOXORNIS HEUDEI.

PARADOXORNIS GUTTATICOLLIS.

IMP.BECQUET, PARIS.

SUTHORA CONSPICILLATA.

ARNOUL DEL.ET LITH. IMP.BECQUET, PARIS.

SUTHORA CYANOPHRYS.

$\frac{12}{13}$

LEIOTHRIX IUTEUS.

ARNOUL DEL. ET LITH.

IMP. BECQUET, PARIS.

MINLA JERDONI.

$\frac{3}{4}$

ARNOUL DEL.ET LILH.   IMP.BECQUET,PARIS.

YUHINA DIADEMATA.

YUHINA NIGRIMENTUM.

IMP. BECQUET, PARIS.

FULVETTA STRIATICOLLIS.

FULVETTA RUFICAPILLA.

INP. BECQUET, PARIS.

FULVETTA CINEREICEPS.

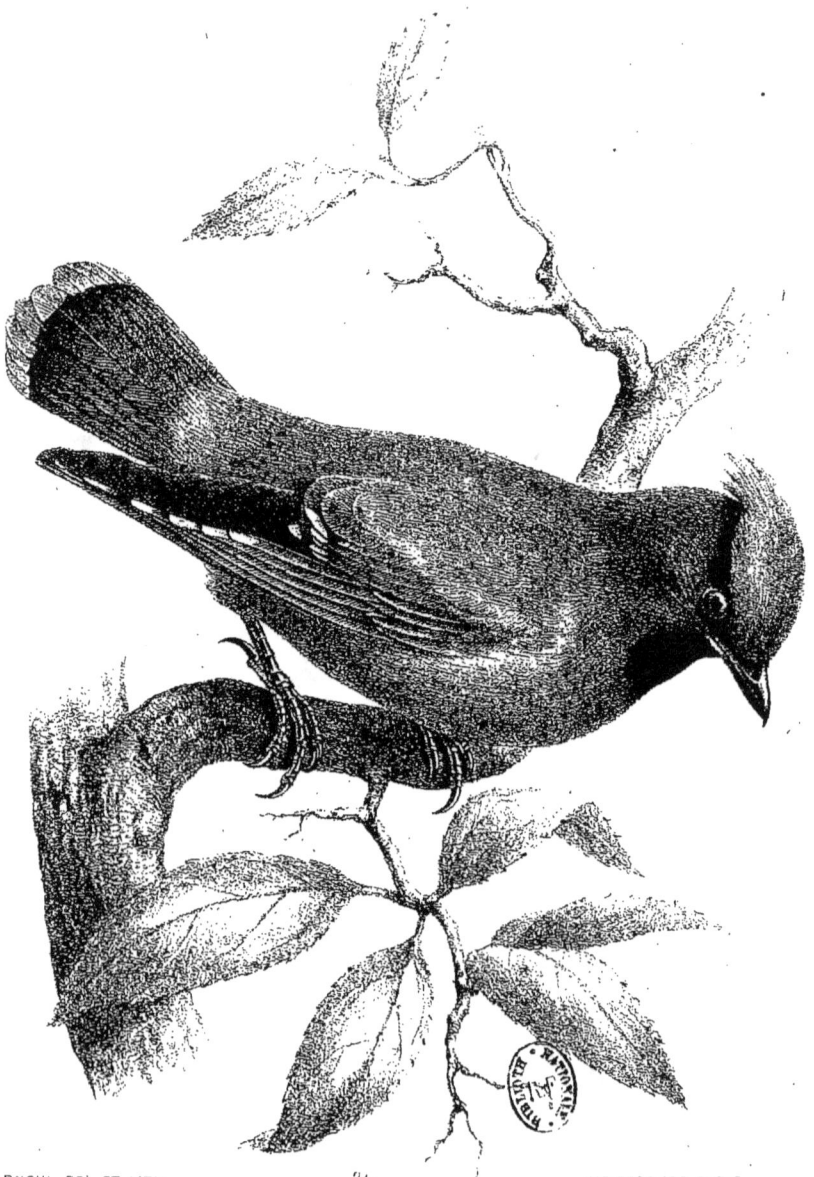

ARNOUL DEL.ET LITH . $^2/_5$ IMP. BECQUET, PARIS .

AMPELIS PHÆNICOPTERA .

$2/3$

LANIUS SCHAH

2/3

ARNOUL DEL. ET LITH. IMP. BECQUET, PARIS.

LANIUS SPHENOCERCUS.

ARNOUL DEL. ET LITH. IMP. BECQUET, PARIS

.BUCHANGA LEUCOGENYS.

ARNOUL DEL. ET LITH. $^2/_3$ IMP.BECQUET, PARIS.

PERICROCOTUS BREVIROSTRIS.

ARNOUL DEL. ET LITH.   IMP. BECQUET, PARIS.

ERYTHROSTERNA ALBICILLA.

ARNOUL DEL. ET LITH.

$\frac{11}{12}$

IMP. BECQUET, PARIS.

XANTHOPYGIA TRICOLOR.

3/4

CYANOPTILA CYANOMELÆNA.

9/16

TCHITREA INCEI.

ARNOUL DEL.ET LITH.

IMP.BECQUET, PARIS.

UROCISSA SINENSIS.

$\frac{4}{7}$

ARNOUL DEL.ET LITH.   IMP BECQUET, PARIS.

CYANOPOLIUS CYANEUS.

$\frac{4}{7}$

ARNOUL DEL.ET LITH. IMP.BECQUET,PARIS.

DENDROCITTA SINENSIS.

2/3

ACRIDOTHERES CRISTATELLUS .

2/3

ARNOUL DEL. ET LITH.   IMP. BECQUET, PAR

STURNUS SERICEUS.

³/₅

MELANOCORYPHA MONGOLICA.

ARNOUL DEL. ET LITH.

IMP. BECQUET, PARIS.

LEUCOSTICTE BRUNNEINUCHA.

PYRGILAUDA DAVIDI.

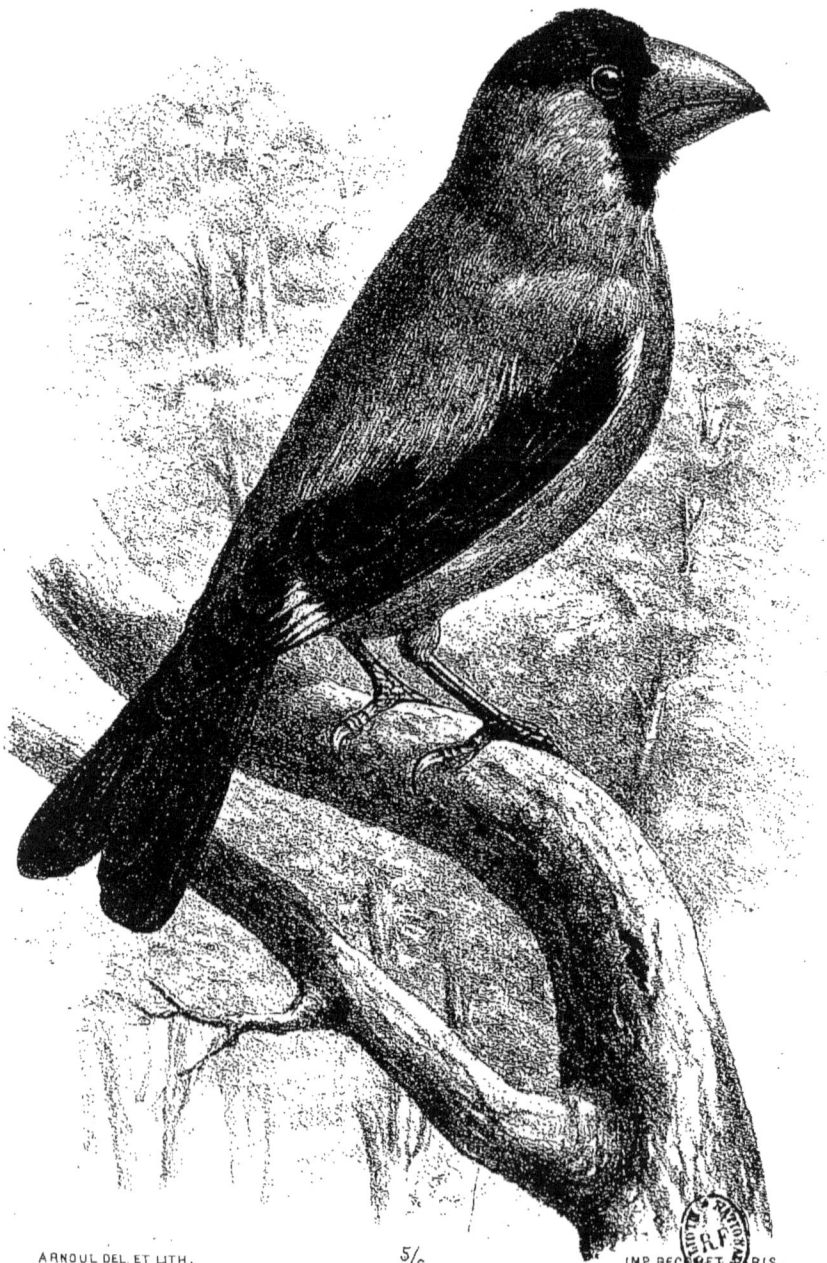

ARNOUL DEL. ET LITH.   5/6   IMP. BECQUET, PARIS.

EOPHONA PERSONATA.

⁷⁄₈

ARNOUL DEL. ET LITH.   IMP. BECQUET, PARIS.

EOPHONA MELANURA.

PROPASSER TRIFASCIATUS.

3/4

ARNOUL DEL. ET LITH. IMP BECQUET, PARIS.

PROPASSER EDWARDSI.

10/13

PROPASSER DAVIDIANUS.

$^{11}/_{13}$

PROPASSER VINACEUS.

ARNOUL DEL. ET LITH.   3/4   IMP. BECQUET, PARIS.

ERYTHROSPIZA MONGOLICA.

URAGUS LEPIDUS.

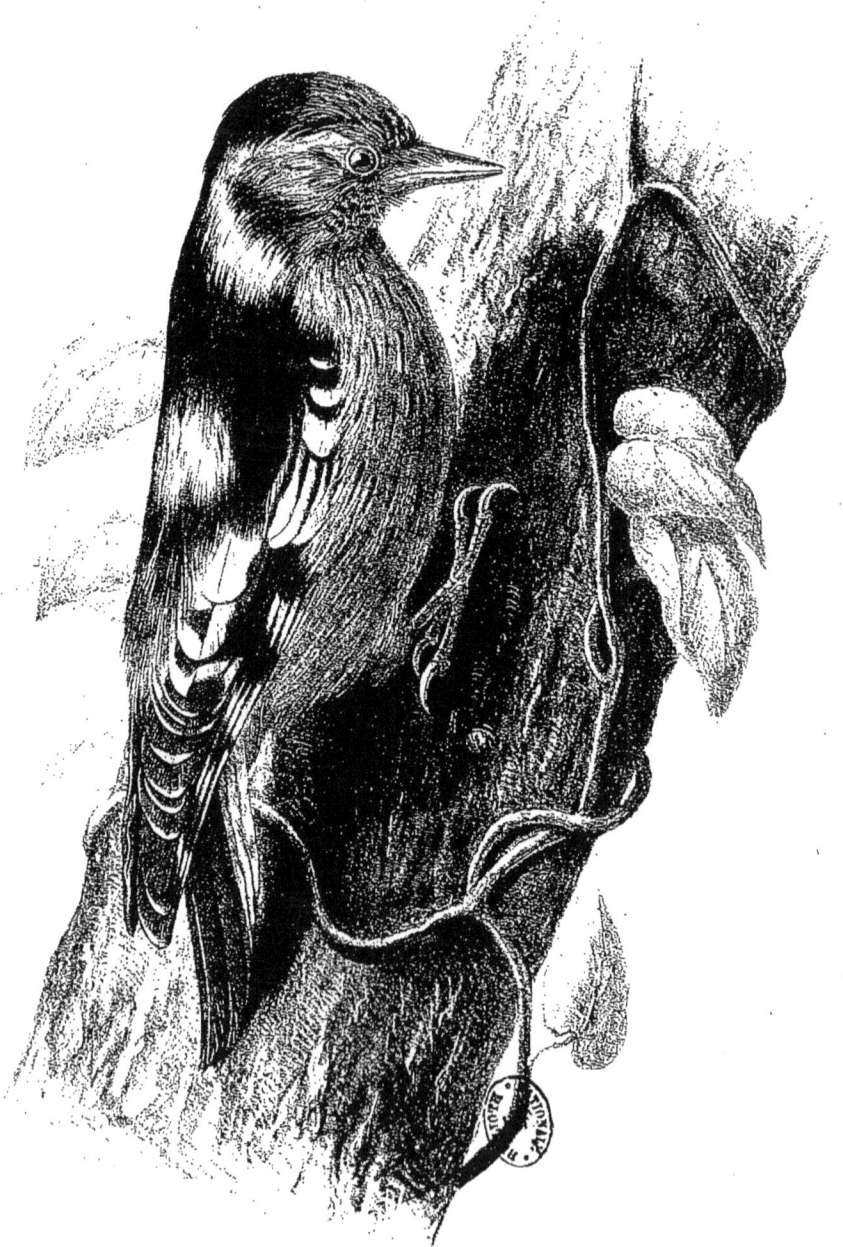

ARNOUL DEL. ET LITH.   IMP. BECQUET, PARIS.

YUNGIPICUS SCINTILLICEPS.

PHASIANUS DECOLLATUS.

IMP. BECQUET, PARIS.

PHASIANUS ELLIOTI.

ARNOUL DEL. ET LITH.

IMP. BECQUET, PARIS.

¼

EUPLOCAMUS SWINHOEI.

ARNOUL DEL. ET L TH. IMP. BECQUET, PARIS.

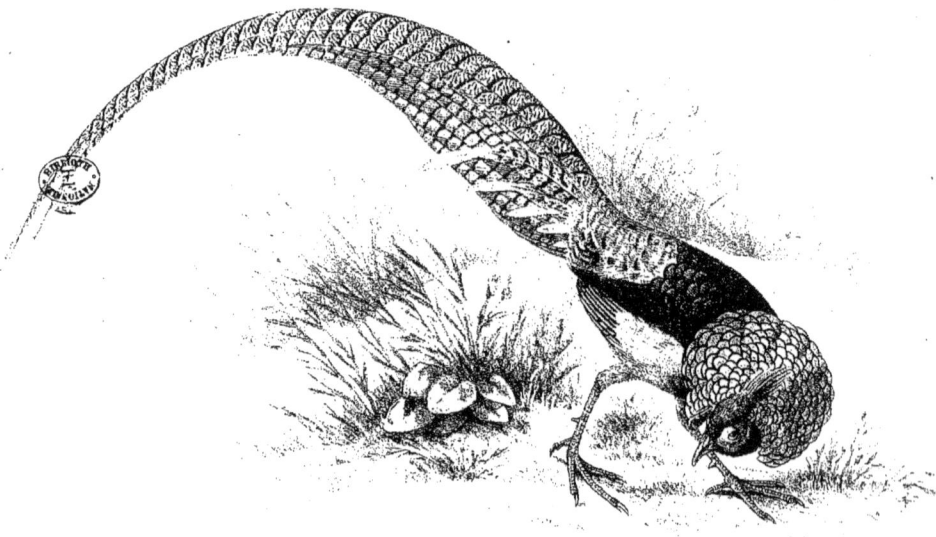

THAUMALEA AMHERSTIÆ.

ARNOUL DEL.ET LITH.

$\frac{1}{5}$

IMP. BECQUET, PARIS.

⅓

PUCRASIA XANTHOSPILA.

ARNOUL DEL.ET LITH.

⅓

IMP.BECQUET,PARIS

PUCRASIA DARWINI.

CROSSOPTILON MANTCHURICUM.

1/5

1/6

ARNOUL DEL. ET LITH.

IMP. BECQUET, PARIS.

ARNOUL DEL. ET LITH.

⅕

IMP. BECQUET, PARIS.

TETRAOPHASIS OBSCURUS.

¾

LOPHOPHORUS LHUYSII.

1/5

CERIORNIS CABOTI.

ARNOUL DEL. ET LITH.

⁴/₁₃

IMP. BECQUET, PARIS.

CERIORNIS TEMMINCKII.

ARNOUL DEL. ET LITH.

¼

IMP. BECQUET, PARIS.

⅓

ARNOUL DEL. ET LITH. IMP. BECQUET, PAR

ITHAGINIS GEOFFROYI.

ARNOUL LITH.

⅓

HUET DEL.

ITHAGINIS SINENSIS

ARNOUL DEL. ET LITH.

5/12

IMP. BECQUET, PARIS.

IBIS NIPPON.

⅖

IBIS NIPPON, var. SINENSIS

$\frac{1}{5}$

IBIDORHYNCHUS STRUTHERSI.

ARNOUL DEL. ET LITH.

IMP. BECQUET, PARIS.

IMP. BECQUET, PARIS.

ARDETTA EURYTHMA.

ARNOUL DEL. ET LITH.

5/7

IMP. BECQUET, PARIS.

ÆGIALITES VEREDUS.

ARNOUL DEL.ET LITH.　　　　　　　　　IMP.BECQUET, PARIS.

PSEUDOSCOLOPAX SEMIPALMATUS .

GALLINAGO SOLITARIA

ARNOUL DEL. ET LITH.

IMP. BECQUET, PARIS.

RALLINA MANDARINA.

FULIX BAERI.

⅓